U0064150

故宮御貓夜遊記 ②

鳳凰歌聲的祕密

常怡／著　　陳昊／繪

中華教育

責任編輯：余雲嬌

裝幀設計：鄧佩儀　龐雅美

排　版：鄧佩儀　龐雅美

印　務：劉漢舉

故宮御貓夜遊記 ②

鳳凰歌聲的祕密

常怡 / 著　　陳昊 / 繪

出版 | 中華教育

香港北角英皇道 499 號北角工業大廈 1 樓 B

電話：(852) 2137 2338　傳真：(852) 2713 8202

電子郵件：info@chunghwabook.com.hk

網址：http://www.chunghwabook.com.hk

發行 | 香港聯合書刊物流有限公司

香港新界荃灣德士古道 220-248 號 荃灣工業中心 16 樓

電話：(852) 2150 2100　傳真：(852) 2407 3062

電子郵件：info@suplogistics.com.hk

印刷 | 迦南印刷有限公司

香港新界葵涌大連排道 172-180 號金龍工業中心第三期 14 樓 H 室

版次 | 2021 年 6 月第 1 版第 1 次印刷

©2021 中華教育

規格 | 16 開（185mm x 230mm）

ISBN | 978-988-8758-86-9

大家好！我是御貓胖桔子，
故宮的主人。

雖然我每天做的只有吃飯、睡覺和發呆這三件事，
但是最近我也有了心事。

這是春天裏一個略帶暖意的黃昏，風湧來，天空染
上了淡淡的丁香色。

我急匆匆地往故宮員工食堂跑，現在正是晚飯時間，去晚了的話，所有的肉渣和魚頭都會被其他御貓搶走。

3

可我還是跑得太慢了，食堂裏，幾乎每一張桌子底下都蹲了一隻貓。我眨着可憐巴巴的眼睛哀求了半天，也沒有一隻貓願意讓我靠近他們的地盤。

我只好把口水吞進肚子裏，退出了食堂。對我們貓族來說，自古以來就有個規矩，無論是肉罐頭，還是魚骨頭，誰先看見就歸誰所有。

我慢慢地走到慈寧宮花園，坐在梧桐樹下，傷心地歎氣。

就在這時，頭頂上傳來一把好聽的聲音，「你怎麼了？」

我嚇得跳了起來，順着聲音抬頭尋找，只看見高高的梧桐樹上站着一隻無比漂亮的大鳥。

她身上的羽毛如彩虹般耀眼，展開的羽毛的尖端，猶如金色陽光下的浪花。是鳳凰！

我看呆了，連呼吸都忘了。

「你為甚麼不開心呀？小胖貓！」鳳凰問。

我猛地清醒過來，低聲回答：「我……有點孤獨。喵。」

我沒說實話，在鳳凰面前說出自己為沒吃上肉骨頭而不開心，實在有些丟臉。「有點孤獨」就不一樣了，感覺像大人說的話。

「哈哈！」鳳凰笑了，聲音像清脆的鈴鐺，「哪裏有不孤獨的人呢？我也覺得孤獨呀。」

「您也覺得孤獨嗎？」我嘴上這麼問，心裏卻在琢磨，雖然經常聽別的貓提起，但「孤獨」到底是甚麼意思呢？會不會是一種傳染病？

「是呀。」鳳凰點點頭，「不過，我有一個好辦法，可以把『孤獨』趕跑。」

「甚麼辦法呢？」我瞪大了眼睛。

「唱歌。」鳳凰回答。

聽到這個答案，我頓時泄了氣。這陣子故宮裏的成年御貓每天晚上都在唱歌，聲音又大又難聽，吵得我睡不着覺。我可不想再聽甚麼唱歌了。

「還有別的辦法嗎？」
我皺着眉頭問。

「唱歌最管用了。」鳳
凰認真地說，「不信，你
唱一首試試？」

唱歌誰不會？於是，
我扯着嗓子「喵嗚、喵嗚」
地唱了起來，沒唱兩句就
被鳳凰攔住了。

「不是這樣唱。」鳳凰搖着頭說。

「那怎麼唱？」貓不都是這樣唱歌的嗎？

「應該是這樣唱。」

「布嗚……」鳳凰唱了起來。我從沒聽過這麼好聽的聲音，像和着風的洞簫聲。月亮悄悄升了起來，月光下，那聲音彷彿是銀色的。不知不覺，我閉上了眼睛，連身體都變輕了，好像有一種向上飄的感覺。

「布嗚……布嗚……」

從我的眼皮下面，一隻白色的小母貓鑽了出來。

嘿！這不是她嗎？出生在鐘錶館的元宵。我以為再也見不到她了！

我們曾經是最好的朋友，一起在雪地上滾雪球。她身上的毛比雪還要白，眼睛比天空還要藍。

但是，就在冬天快要過去，暖和的春天就要到來的時候，元宵卻被人抱走了。聽說，一位好心的老奶奶收養了她，她將生活在有暖氣的房間裏，每天吃國外進口的吞拿魚罐頭。

大家都替元宵高興，只有我怎麼都開心不起來。

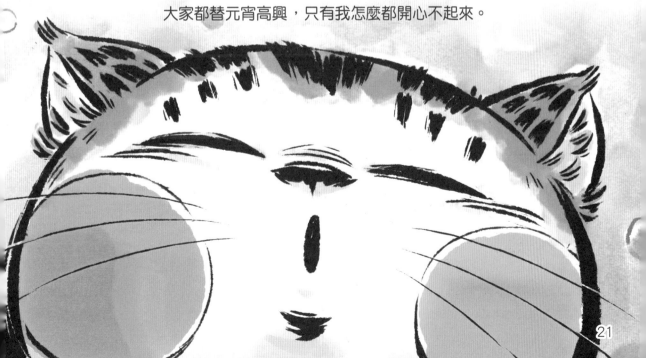

21

沒想到，現在元宵就
在離我這麼近的地方。
　　我朝前跑了起來，這
裏很黑，像是酒醋房的地
下倉庫。

元宵待在另一頭叫着我的名字：「胖桔
子！胖桔子！我在這裏呀！」
　　咦？腳下的路怎麼變成迷宮了？

　　跑一會兒，就會碰到牆壁，分成一
左、一右兩條路。往哪邊拐呢？嗯，左拐試
一試，沒走兩步，這條路又分成了一左、一右兩條路。
這次呢？往右拐試試。哎呀？怎麼又變成兩條路了呢？
　　我不停地拐彎、拐彎，滿頭大汗，終於把自己轉暈了，癱倒在地上。
　　「元宵，你到底在哪兒啊？」

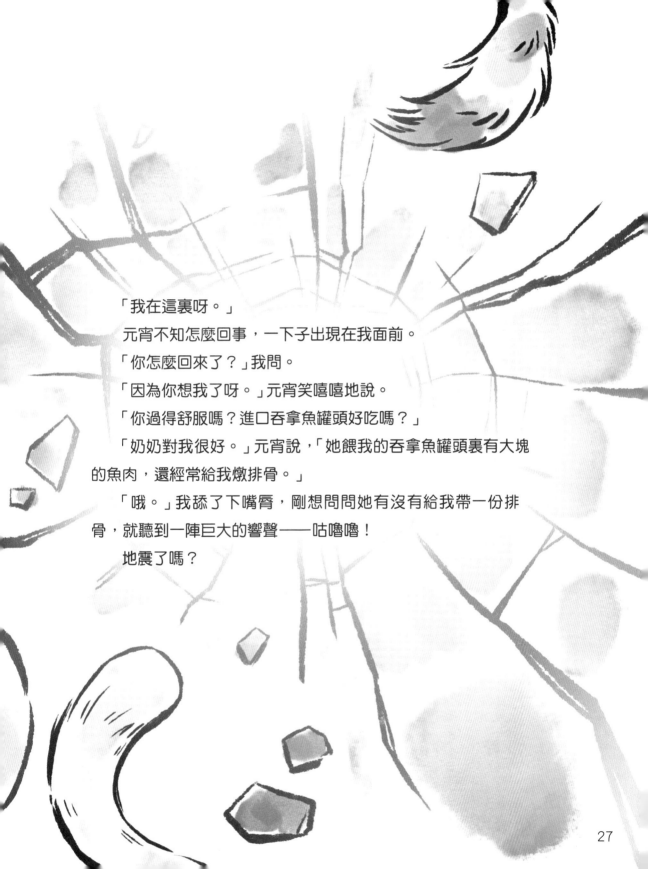

「我在這裏呀。」

元宵不知怎麼回事，一下子出現在我面前。

「你怎麼回來了？」我問。

「因為你想我了呀。」元宵笑嘻嘻地說。

「你過得舒服嗎？進口吞拿魚罐頭好吃嗎？」

「奶奶對我很好。」元宵說，「她餵我的吞拿魚罐頭裏有大塊的魚肉，還經常給我燉排骨。」

「哦。」我舔了下嘴脣，剛想問問她有沒有給我帶一份排骨，就聽到一陣巨大的響聲——咕嚕嚕！

地震了嗎？

我就像從雲彩上「呼」的掉下來一樣，猛然睜開了眼睛。元宵不在我身邊，但數不清的鴿子、烏鴉、麻雀、喜鵲……不知道為甚麼都圍着我。

鳳凰低頭看着我，她的歌聲停止了。取代歌聲的，是我肚子裏「咕嚕嚕」的叫聲。一聽到燉排骨，我就餓了。

「做了甚麼好夢嗎？」
她問。
「原來是夢啊。喵。」
我有點失望。
「我剛才還在想，就算是隻有一歲的貓，也應該有想念的朋友吧。」鳳凰
微微一笑。
「真是厲害！我夢到了元宵和燉排骨。」
「元宵和燉排骨？怎麼都是吃的東西？難道我的歌聲失靈了？咳咳……」
鳳凰清了清嗓子。

「不是，不是。」我連忙搖頭解釋說，「元宵是一隻貓的名字，她是我的好朋友。但燉排骨就是燉排骨。」

「原來是這樣。」鳳凰放心了，「希望你的夢能讓你開心起來。不過，聽起來你餓了，肚子叫的聲音都大過我的歌聲了。」

「是的。」我揉了揉扁扁的肚皮問，「這些鳥為甚麼都圍着我看呢？」

「是我的歌聲把牠們引來的。」鳳凰扇起翅膀說,「現在我們要一起離開了。如果你還想找到我,就來梧桐樹這裏吧。」
「謝謝您!鳳凰!喵。」

鴿子、烏鴉、麻雀、喜鵲……所有鳥都隨着鳳凰拍動起翅膀。一眨眼的工夫，牠們全都從樹上飛舞躍起，排成一列，跟在鳳凰後面向天空飛去。

我回到珍寶館，大口吃着碗裏的貓糧，腦子裏想的卻是冒着熱氣的燉排骨。

胖狮子的故宫小百科

鳳凰

百 鳥 之 王

我是鳳凰，在太和殿上的脊獸中排名第二。

原來很多人不知道，鳳凰只是一個統稱，鳳是雄鳥，而凰是雌鳥。我們的羽毛五顏六色，全身上下閃耀着火焰般的光芒，是一種美麗的大鳥。我們身上有很多動物的特徵，例如有雞的頭、魚的尾巴。我們還有美妙動聽的歌聲，可以吸引成百上千種鳥類飛來身邊。

古人認為我們鳳凰承載着優秀的道德品格，把我們當作太平吉祥的象徵。我們作為美麗的神獸，也被當作皇后的象徵，明代的皇后會佩戴鳳冠來顯示自己的地位呢！

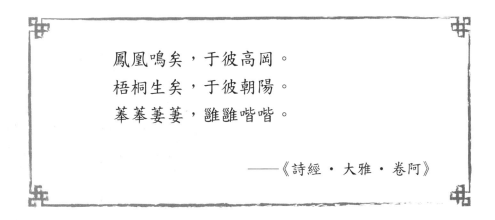

鳳凰鳴矣，于彼高岡。
梧桐生矣，于彼朝陽。
菶菶萋萋，雝雝喈喈。

——《詩經·大雅·卷阿》

鳳凰清脆嘹亮地鳴叫着，就在那座高高的山上。
梧桐樹蒼翠挺拔地生長着，就在山東面向着太陽的地方。
山上草木繁茂，鳳凰的鳴叫聲和諧悠揚。

傳說中的黃金屋頂

琉 · 璃 · 瓦

在中世紀的西方流傳着一個傳說：遙遠的東方遍地是寶藏，連屋頂也是黃金做的，這「黃金」說的就是琉璃瓦。

琉璃瓦普遍被用來做屋頂的建築材料，有黃、綠、藍、白、紫、黑等多種顏色。在明清兩代，黃色是帝王的專用色，所以故宮的屋頂多用黃色的琉璃瓦。在皇子居住的宮殿使用了綠色琉璃瓦，象徵「生長」的意思。在收藏書籍的文淵閣，使用的是「五行」中代表「水」的黑色，以起到「水能克火」的防火作用。

（見第3頁）

斗 · 拱　屋簷上的積木

在故宮宮殿的屋簷上，可以看到像搭積木一樣，一段一段互相重合交叉着的斗拱。斗拱用來支撐屋頂的重量，也能作為裝飾品，令建築物更美觀。它主要由方形的斗和弓形的拱，經多重交叉組合而成，不會使用膠水和釘子。

（見第6頁）

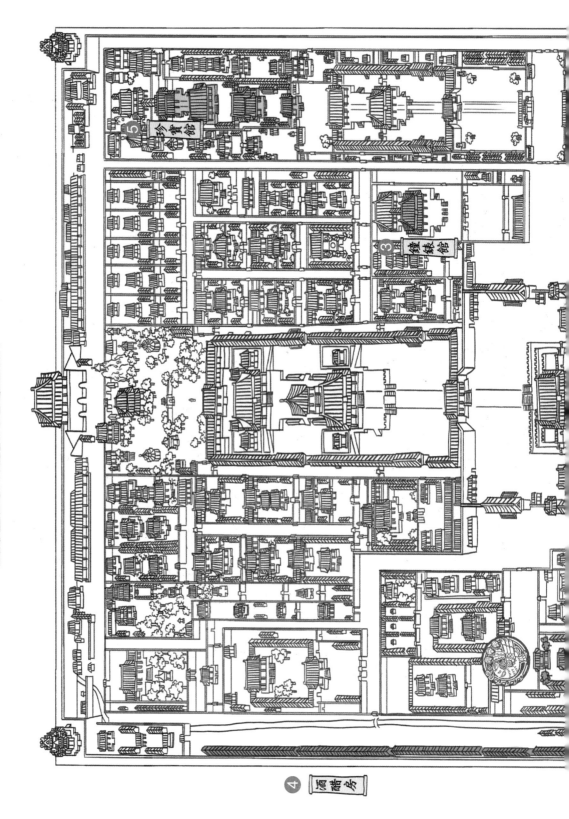

祥桔子和鳳凰的故宮 清地圖

⑤ 珍寶館

③ 鐘錶館

④ 酒醋房

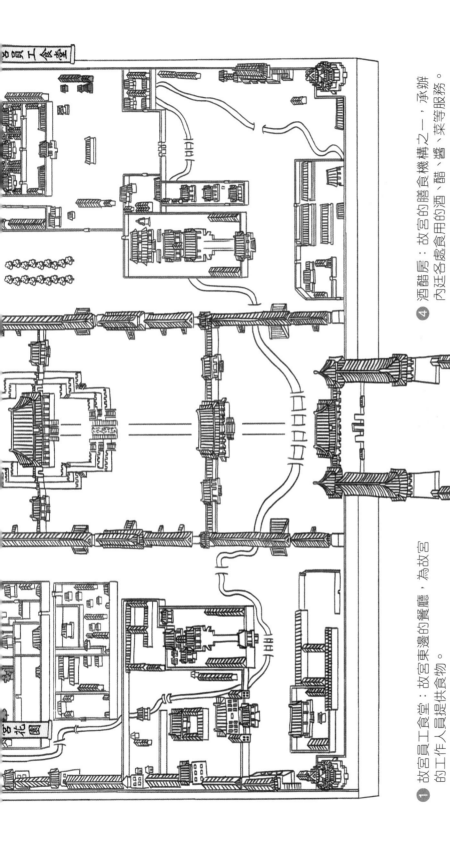

① 故宮員工食堂：故宮東邊的餐廳，為故宮的工作人員提供食物。

② 慈寧宮花園：故宮中最幽靜的花園，供皇太后等人休息。

③ 鐘錶館：故宮長期開放的展館之一，展出123件清宮收藏的鐘錶。

④ 酒醋房：故宮的膳食機構之一，承辦內廷各處食用的酒、醋、醬、菜等服務。

⑤ 珍寶館：故宮的陳列館之一，收藏了清代宮廷的珍貴文物。

常 怡

鳳凰的歌聲好聽，是誰都知道的事情。牠只要張口唱歌，世間所有的飛鳥都會被牠的歌聲吸引。鳳鳴之聲如簫，如鐘，如鼓。

《呂氏春秋》裏說，中國古代音樂中的十二種「律」，就是根據鳳凰的鳴叫聲制定的。其中六個律源於雄鳴，另外六個律源於雌鳴。鳳凰的鳴聲是樂器正音的標準。

但你們知道嗎？鳳凰除了聲音好聽，還具有靈力！《說苑》裏提到，只有鳳凰能感召萬物，為其帶來吉祥與歡樂。

所以，在《鳳凰歌聲的祕密》中，鳳凰用她美妙的歌聲安撫了胖桔子失去伙伴的憂傷，讓胖桔子心中重新充滿希望。

幫助別人，才是鳳凰真正厲害的地方。

陳 昊

　　或許你已經想到了，作為一位養了一屋子動物的「原型師」，我養的寵物裏肯定也少不了「喵星人」吧？

　　沒錯！我是一名貓主人，我養的兩隻貓一個名叫椰殼，一個名叫椰果。牠們兩個雖然身材不及胖桔子「偉岸」，但論起調皮和可愛，絕對有過之而無不及。在創作胖桔子和元宵的過程中，椰殼和椰果帶給我很多靈感。

　　長着五彩羽毛的鳳凰高貴又神聖，在《鳳凰歌聲的祕密》中，這隻神聖的大鳥就像一個温柔的大姐姐，用歌聲排解着胖桔子的煩惱。但我猜，就算鳳凰教了胖桔子怎麼唱歌，等胖桔子長大後，唱歌還是會很難聽。我是不會承認這個「靈感」也來自椰殼和椰果的！